Raphaël Simeon Njock

Mutagénese química e melhoramento genético de plantas tropicais

Raphaël Simeon Njock

Mutagénese química e melhoramento genético de plantas tropicais

Utilização de azida de sódio para criar mutantes a partir de sementes de quiabo

ScienciaScripts

Imprint

Cover image: www.ingimage.com

This book is a translation from the original published under ISBN 978-620-6-72450-6.

Publisher:
Sciencia Scripts
is a trademark of
Dodo Books Indian Ocean Ltd. and OmniScriptum S.R.L publishing group

120 High Road, East Finchley, London, N2 9ED, United Kingdom
Str. Armeneasca 28/1, office 1, Chisinau MD-2012, Republic of Moldova, Europe
Printed at: see last page
ISBN: 978-620-8-20828-8

UTILIZAÇÃO DE AZIDA DE SÓDIO PARA CRIAR MUTANTES A PARTIR DE SEMENTES DE PLANTAS: O CASO ESPECÍFICO DO QUIABO

Raphaël Simeon NJOCK[1*]

[1] Université de Yaoundé 1, Faculté des Sciences, Département de Biologie et Physiologie Végétales, Unité de Génétique et Amélioration des Plantes, BP 812 Yaoundé, Camarões

**Autor correspondente: simeonnjocky@gmail.com*

RESUMO

*Até à data, a indução de mutações em sementes de plantas por azida sódica (SA) surgiu como uma alternativa significativa para a criação de caraterísticas interessantes. Devido às melhorias satisfatórias observadas durante a sua utilização noutras plantas, e na sequência de uma fraca literatura que assinala o seu impacto na melhoria da resposta fitoquímica do Abelmoschus esculentus, cuja importância nutricional e medicinal já não está demonstrada, o presente manuscrito visa dar um duplo contributo. Apresenta uma avaliação eficaz da utilização de SA, apoiada por um estudo prático de ensaios para melhorar os atributos fitoquímicos através da aplicação deste mutagénico a três variedades de quiabos cultivadas nos Camarões. Num contexto de procura perpétua de soluções para satisfazer as necessidades alimentares e sanitárias do homem, o domínio desta tecnologia (**mutagénese química**), recentemente implantada tanto a nível regional (África Central) como nacional, chega no momento certo. Representa um verdadeiro nicho de ouro para a criação rápida de variabilidade útil e estratégica, servindo de base sólida para as múltiplas escolhas dos criadores.*

CAPÍTULO I

ANÁLISE DA CRIAÇÃO DE MUTANTES ATRAVÉS DA APLICAÇÃO DE AZIDA DE SÓDIO EM SEMENTES DE PLANTAS

Raphaël Simeon NJOCK[1*], Benoit Constant LIKENG-LI-NGUE[1,3], Luther Fort MBO NKOULOU[2], Hermine Bille NGALLE[1] e Martin Joseph BELL [1]

[1] *Université de Yaoundé 1, Faculté des Sciences, Département de Biologie Végétale, Laboratoire de Génétique et Amélioration des Plantes, BP 812 Yaoundé, Camarões*

[2]*Instituto de Investigação Agrícola para o Desenvolvimento (IRAD), BP 2123 Yaoundé, Camarões*

[3]*Universidade de Yaoundé 1, Faculdade de Ciências, Departamento de Biologia Vegetal, Centro de Investigação e Desenvolvimento dos Produtores Agro-Pastoris dos Camarões (CRAPAC), BP 812 Yaoundé, Camarões*

**Autor correspondente: simeonnjocky@gmail.com*

Resumo

O objetivo desta revisão é fornecer uma atualização sobre a indução de mutações pela aplicação de azida de sódio nas sementes. Especificamente, são destacados os métodos de aplicação e a apropriação dos vários efeitos induzidos por este agente mutagénico nas plantas. Foi realizada uma análise documental comparativa de trabalhos anteriores para destacar: os seus métodos de utilização, as doses eficazes adequadas deste mutagénico, bem como as múltiplas respostas da planta em termos morfológicos, fisiológicos, bioquímicos, moleculares e de rendimento. A partir de uma investigação de estudos anteriores, verificou-se que o pré-tratamento de sementes com água por um período de 6 h, combinado com a exposição a gamas de soluções mutagénicas (NaN_3) de: 0; 1; 2; 3; 4; 5 e 6 g/L ou 0; 2; 4 e 6 g/L por 2 e/ou 4 e/ou 6 h, seriam ideais para induzir mutações no material genético das sementes em germinação. Além disso, para cada parâmetro avaliado e em função da dose (concentração x tempo de exposição), verificou-se uma redução, uma melhoria ou uma ausência de alteração do efeito. Estes resultados deverão permitir propor protocolos perfeitamente credíveis para a indução da diversidade genética com este agente mutagénico em espécies ainda não testadas.

Palavras chave: azida sódica, mutações, mutagénico, pré-tratamento

1. Introdução

A queda da produtividade das culturas observada em todas as partes do mundo em consequência das alterações climáticas está associada a um aumento de 60% da procura de alimentos [1]. Esta situação é agravada por um forte aumento da população mundial, que deverá ultrapassar os 9 mil milhões de habitantes em 2050. Para satisfazer as necessidades alimentares mundiais, a produção agrícola terá de aumentar 70% [2]. Para tal, será necessária uma transformação dos sistemas agrícolas [1]. Para tal, a produção vegetal terá de se adaptar às alterações climáticas e atenuar os seus efeitos [2]. Dadas as limitações em termos de desempenho agrícola observadas nas variedades já utilizadas, será necessário desenvolver novas variedades que incorporem uma série de caraterísticas interessantes. Estas variedades deverão ser adaptáveis a novas zonas agrícolas, oferecendo simultaneamente uma melhor resistência às doenças e aos parasitas. Deverão igualmente oferecer a possibilidade de serem cultivadas fora dos períodos tradicionais de produção, sendo mais eficientes na utilização da água disponível. Devem também ter um maior valor nutritivo e rendimentos mais elevados [3]. Estas novas variedades são obtidas por uma multiplicidade de métodos, incluindo a hibridação, a transgénese [3] e a mutagénese [4]. A particularidade deste último método reside no facto de poder ser realizado em todos os tipos de material vegetal a partir do qual se pode regenerar uma planta inteira [5]. Isto aumenta logicamente a possibilidade d e obter descendentes mutantes (novas variedades resultantes da mutação induzida) com caraterísticas interessantes. Uma mutação é a fonte primária de qualquer variação genética que possa existir em vários organismos, incluindo plantas [6]. Uma mutação é natural quando ocorre como resultado de condições ambientais. Por outro lado, torna-se induzida quando as modificações provocadas no material genético (genes e cromossomas) estão ligadas a agentes mutagénicos físicos e/ou químicos aplicados pelo homem [7].

As mutações podem afetar o genoma de várias formas, incluindo modificações pontuais ou generalizadas. Podem também envolver variações no número de cromossomas. De acordo com [8], as mutações pontuais são identificadas pela substituição ou transversão de bases nucleicas, resultando em mutações missense, nonsense ou silenciosas, enquanto as mutações alargadas resultantes de fenómenos de cruzamento se caracterizam por alterações que podem afetar um único cromossoma (deleção, adição e inversão) ou dois (translocação). Quando a indução de alterações numéricas nos cromossomas envolve todo o genoma, utiliza-se o termo variação euploide (haploide, diploide, triploide, tetraploide, etc.); por outro lado, quando apenas uma parte do genoma é afetada, utiliza-se o termo variação aneuploide (nulisómica, monossómica, trissómica, tetrassómica, dupla trissómica) [9].A indução de mutações através de mutagénicos físicos e/ou químicos é um método que permite criar diversidade genética conducente a novas variedades com as melhores caraterísticas [10]. As caraterísticas resultantes da mutagénese induzida podem ser hereditárias [11]. A mutagénese física caracteriza-se pela utilização de radiações (raios gama, raios X, iões, etc.), enquanto a mutagénese química utiliza principalmente compostos alquilantes como o etilmetanossulfonato, o metilmetanossulfonato, etc., que podem ser utilizados para induzir a mutagénese [5], e outros como a colchicina;

a utilização de azida de sódio não é negligenciável [12].

Os mutagénicos químicos são mais eficazes do que os mutagénicos físicos na medida em que, para além de aumentarem a variabilidade genética nas plantas, garantem um maior sucesso nos programas de seleção por propagação vegetativa e reprodução sexual [13, 14]. Neste último caso, as sementes são ideais para induzir mutações, pois o seu ciclo de vida permite produzir rapidamente gerações mutantes e desenvolver novas linhas com caraterísticas desejáveis [15]. Entre os agentes mutagénicos químicos testados, verificou-se que a azida de sódio (NaN_3) é um dos mais potentes utilizados para induzir mutações em plantas cultivadas [16] com uma frequência elevada [17]. A mutagenicidade deste agente é mediada pela produção de um metabolito orgânico que penetra no núcleo, interage com o ADN e cria uma mutação pontual no genoma da planta [18]. O objetivo geral desta revisão é fornecer uma atualização sobre a indução de mutações pela aplicação de azida de sódio (SA) às sementes.

2. Como aplicar a azida de sódio nas sementes

O domínio da manipulação da azida de sódio para melhorar a sua eficácia no material vegetal exige inevitavelmente o conhecimento de um certo número de factores, nomeadamente: a natureza e a duração do pré-tratamento, a concentração ativa do agente mutagénico, a duração da exposição à azida de sódio, a especificidade biológica da planta em causa e a correlação entre a duração do tratamento e a concentração adequada deste agente mutagénico.

2-1. Pré-tratamento das sementes

O pré-tratamento resulta numa melhor resposta ao mutagénio [19, 20]. 38 das 52 experiências analisadas utilizaram um pré-tratamento (**Quadro 1**). Destes, a maioria utilizou água/água destilada (28 de 52 experiências, ou seja, 53,84%). O tempo de aplicação variou de 4 a 24 horas (4 h em 17,85%; 6 h em 35,71%, 12 em 21,42% e 24 h em 7,14%). Além disso, para cada uma das substâncias de pré-tratamento (água, outras), o protocolo consiste simplesmente em embeber as sementes sãs num recipiente contendo cada uma delas.

2-2. Concentração e duração da exposição das sementes à azida de sódio

As soluções de mutagénio preparadas servem de referência para o desenvolvimento de uma variedade de gamas de concentração (**quadro 1**). Estas constituem a base para a determinação das concentrações activas associadas aos tempos de exposição, de modo a que se possam determinar as doses adequadas (concentração em AI + tempo de exposição) para a utilização correta deste mutagénio. Neste contexto experimental, são frequentemente utilizadas várias gamas de concentração, que variam entre: 0,001 - 0,004 g/L; 0,065(≈0,07) - 0,26 g/L; 0,1 - 0,3 g/L; 1 - 3 g/L; 2 - 6 g/L (**Quadro 1**). Com base nestes intervalos, são identificadas as chamadas concentrações activas que tiveram um efeito sobre um ou mais parâmetros. Entre estas, as mais utilizadas, por ordem crescente de valor, são 0,002 g/L (a 8,33%); 0,07 g/L (a 11,11%); 0,13 g/L (a 8,33%); 0,3 g/L (a 16,67%); 0,4 g/L (a 19,44 %); 0,5 g/L (a 5,56%); 2 g/L (a 8,33%); 3 g/L (a 11,11%); 5 g/L (a 5,56%) e 6 g/L (a 5,56%). A fim de estabelecer doses experimentais (concentração x tempo de exposição) que possam ser utilizadas, as concentrações acima referidas podem ser combinadas com os tempos de exposição à azida de sódio mais comummente utilizados. Estes são : 2 h; 4 h e 6 h (**Tabela 1**).

As mutações podem ser induzidas em sementes escarificadas e esterilizadas à superfície ou em sementes em fase de crescimento ativo (germinação). Além disso, o material biológico (sementes) envolvido pode provir de uma multiplicidade de famílias de plantas (**quadro 3**). No entanto, as soluções mutagénicas utilizadas para conter as sementes devem ser preparadas de fresco a baixa temperatura e nunca armazenadas [15]. A partir da heterogeneidade dos valores acima apresentados, seria possível derivar doses (concentração x tempo de exposição) que deveriam ser utilizadas para testes numa multiplicidade de plantas. Assim, tendo em conta todas as gamas e concentrações activas acima referidas, os seguintes grupos de concentrações: 0; 1; 2; 3; 4; 5 e 6 g/L e depois 0; 2; 4 e 6 g/L poderiam ser propostos e utilizados em experiências com vista a obter um maior efeito deste mutagénio. Numa primeira fase, os tempos de exposição de 2, 4 ou 6 horas poderiam ser associados de forma independente aos grupos de concentrações acima referidos, como se ilustra a seguir:

-0; 1; 2; 3; 4; 5 e 6 g/L durante 2 h	ou	0; 2; 4 e 6 g/L durante 2 h
-0; 1; 2; 3; 4; 5 e 6 g/L durante 4 h	ou	0; 2; 4 e 6 g/L durante 4 h
-0; 1; 2; 3; 4; 5 e 6 g/L durante 6 h	ou	0; 2; 4 e 6 g/L durante 6 h

Além disso, estes tempos podem ser combinados com cada intervalo de concentração para experiências mais complexas, como se mostra abaixo:

- 0; 1; 2; 3; 4; 5 e 6 g/L durante 2, 4 e depois 6 h ;

- 0, 2, 4 e 6 g/L durante 2, 4 e 6 h.

Tabela 1: A tabela mostra as aplicações dos pré-tratamentos e das doses de azida de sódio nas sementes: destacando a concentração ativa.

Pré-tratamento		Concentrações (C) de azida de sódio (g/L) utilizadas						C. A	Duração da exposição das sementes a sódio	Plantas	Ref.
Natureza	Duração	C1	C2	C3	C4	C5	C6				
	6 h	1	2	3	/	/	/	3	1	Abelmoschus esculento	[21]
	4 h	2	4	6	/	/	/	6	4	Hibisco canabinus	[22]
	12 h	1	2	3	4	5	/	5	6	Trigonel	[23]

	12 h	0,10	0,13	0,16	/	/	/	0,13	6	la foenum-graecum	[24]
	12 h	2	4	6	8	10	/	6	9		[25]
	24 h	0,065	0,16	0,33	/	/	/	0,16	¼	Solanum licopersicum	[26]
	4 h	1	3	5	7	/	/	3	12		[27]
	24 h	7,5	/	/	/	/	/	7,5	4	Sésamo indicum	[28]
	4 h	0,0001	0,00015	0,0002	0,00025	0,0003	/	0,00015 0,0003	6	Phaseolus Vulgaris	[29]
	4 h	1,3	1,95	2,6	6,5	/	/	1,95	1,5		[30]
	12 h	5	10	15	/	/	/	5	12	Vigna mungo	[31]
	12 h	0,07	0,13	0,20	0,26	0,33	/	0,20	2	Eruca sativa	[32]
	20 h	0,065	0,130	0,195	0,260	0,325	/	0,325	4	Oryza sativa	[33]
	6 h	0,00001	0,00002	0,00003	0,00004	0,00005	/	0,00004	6	Zea mays	[34]
	6 h	0,1	0,2	0,3	/	/	/	0,3	6		[35]
	6 h	0,1	0,3	/	/	/	/	0,3	6	Arachis hipogaia	[36]
Embeber em água destilada	9 h	0,1	0,2	0,3	0,4	/	/	0,4	6	Triticum aestivum	[37]
	6 h	0,2	0,4	0,6	/	/	/	0,2	6		[38]
	12 h	0,07	0,13	0,20	0,26	/	/	0,07	2	Hordeum vulgare	[39]
	4 h	0,098	0,2	0,29	0,4	6,5	/	0,4	2		[40]
	15 h	0,07	/	/	/	/	/	0,07	2		[41]
	4 h	0,01	0,013	0,026	0,052	0,104	/	0,013	2	Capsicum annum	[42]
	6 h	0,1	0,2	0,3	0,4	/	/	0,4	6		[43]
	ND	0,4	0,6	/	/	/	/	0,4	6	Glicina max	[44]
	6 h	0,2	0,4	0,6	0,8	/	/	0,4	9	Sphenostylis stenocarpa	[45]
	6 h	3	5	7	/	/	/	7	5	Brassica campestris	[46]
	6 h	2	4	6	8	/	/	8	5	Brássicas napus	[47]

	1 h	0,5	1	2	3	/	/	2 0,5	6	Helichrysum bracteatum	[48]
	6 h	0,1	0,2	0,3	0,4	/	/	0,4	9	Vigna unguiculata	[49]
Solução tampão	2 h	0,001	0,002	0,003	0,004	/	/	0,002	1	Abelmoschus esculento	[50]
	8 h	0,1	0,2	0,3	0,4	0,5	/	0,5	16	Oryza sativa	[51]
	8 min	0,07	0,13	0,26	/	/	/	0,07	2		[52]

	8 min	0,065	0,130	0,260	/	/	/	0,26 0		*Pisum sativum*	[53]
	8 min	0,1	0,2	0,3	/	/	/	0,3	4	*Spinach* [illegible]	[54]
	5 min	0,033	0,07	0,13	/	/	/	0,07	2,5	*Helianthus annus*	[55]
		0,033	0,07	0,13	/	/	/	0,13	0,5		
Mercuric chloride ($HgCl_2$)	10 h	1	4	7	/	/	/	[illegible]	6	*Dianthus caryophyllus*	[56]
	6 h	0,1	0,2	0,3	/	/	/	0,2	6	*Cicer arietinum*	[57]

Hipoclorito de 1 min0 ,0010 ,0020 ,0030 ,004//0,0023 Sesamum indicum[58]

Sódio 30 minutos 5 10 ///101,5Sorghumbicolor[59]

ND	ND	0,4	0,8	1,2	1,6	2,0	2,4	2,4	18	*Abelmoschus*	[60]
	ND	0,2	0,5	/	/	/	/	0,5	5	*esculentus*	[61]
	ND	0,5	1	1,5	2	/	/	2	18	*Abelmoschus moschatus*	[62]
	ND	0,165	0,33	0,625	0,125	2,5	/	0,33	24		[illegible]
	ND	0,2	0,4	0,6	0,8	1	/	0,03 0,4	15	*Khaya senegalensis*	[65]
	NA	0,001	0,002	0,003	0,004	/	/	0,00	4	*Citrullus lanatus and*	[66]
	ND	0,16	0,31	1,25	2,5	/	/	0,16	6	*Moringa oleifera*	[67]
	ND	0,10	0,16	/	/	/	/	0,10	18	*Vigna unguiculata*	[68]
	ND	0,1	0,2	0,3	0,4	0,5	/	0,3	24	*Oryza sativa*	[69]
	[illegible]			[illegible]	[illegible]	[illegible]		3,25			
	ND	0,130	/	/	/	/	/	1	2	*Arachis hypogaea*	[71]
	ND	0,07	0,130	0,260	/	/	/	0,13	4	*Hordeum*	[72]
		0,007			/	/	/			[illegible]	[73]

ND: Pré-tratamento não definido; **Ref**: Referências; **C.A**: Concentrações activas. Para uma boa análise comparativa, todos os valores de concentração são reconduzidos à mesma unidade (g/L).

3. Efeitos induzidos pela aplicação de azida de sódio nas sementes

Quando a azida sódica é aplicada às sementes num contexto experimental, espera-se que a planta reaja de várias formas. Dado que as azidas ajudam a criar diversidade genética em várias culturas [74, 75], este mutagénio produz Dependendo da planta em causa, os efeitos podem ser morfológicos, fisiológicos, bioquímicos, moleculares e/ou relacionados com o rendimento (**quadro 2**).

A azida de sódio (azida sódica) também é considerada um pró-mutagénio, uma vez que gera um intermediário orgânico reativo que é metabolizado in vivo num potente mutagénio químico na planta hospedeira. Este intermediário foi identificado na cevada como L-azido-alanina. Parece que a L-azido-alanina em si não interage diretamente com o ADN, mas que a mutagénese é mediada pela sua ação ao nível dos processos celulares na planta hospedeira envolvidos no mecanismo de reparação por excisão do ADN [76, 77, 78]. Dependendo da planta e da sua concentração, este mutagénio pode atuar quer para amplificar quer para reduzir uma resposta na planta mutante.

Tabela 2: A tabela mostra os efeitos induzidos pela azida de sódio.

Efeitos induzidos pela azida de sódio	Mutações induzidas	Plantas	Referências
	Reduz o tamanho da planta	Sesamum indicum ; Triticum aestivum ; Brassicacampestris ; Solanum lycopersicum ; Vigna unguiculata.	[27, 28, 37, 46 9, 58, 63]
	Aumenta o tamanho da planta	Eruca sativa; Pisum sativum & ou Vicia faba ; Sesamum indicum ; Abelmoschus esculentus	[32, 50, 52, 64]
	Reduz o diâmetro do caule	Browallia speciosa ; Khaya senegalensis ; Brassica napus ; Solanum lycopersicum ; Vigna unguiculata	[27, 47, 65, 79]
	Aumenta o diâmetro de o caule	Helichrysum bracteatum.	[48]

Morfologia vegetal	Reduz o número de folhas	Khayasenegalensis ; Abelmoschus esculentus ;Solanumlycopersicum ; Hibiscus cannabinus.	[27, 60, 65]
	Aumenta o número de folhas	Sesamum indicum; Citrullus lanatus e Moringa oleifera; Zea mays; Helichrysum bracteatum.	[35, 48, 64, 66]
	Reduz a superfície da folha	Eruca sativa; Browallia speciosa; Pisum sativum&ouViciafaba ;Khaya senegalensis.	[32, 52, 65, 79]
	Aumentar a superfície da folha	Sesamumindicum ; Erucasativa ; Abelmoschusmoschatus ;Lycopersicon esculentun.	[32, 62, 63, 64,73]
	Reduz o comprimento e largura da folha	Arachis hypogaea	[70]
	Aumenta o comprimento e a largura da folha	Arachis hypogaea	[70]
	Reduz o comprimento de a radícula	Trigonella foenum-graecum	[23]
	Aumenta o comprimento da radícula	Trigonella foenum-graecum	[23]
Fisiologia vegetal	Reduz a germinação	Abelmoschus esculentus ; Sesamum indicum ; Hibiscus cannabinus ; Oryza sativa ; Hordeum vulgare ; Vigna unguiculata	[21, 39, 49, 51, 58]
	Redução de pólen o fertil idade	Dianthus caryophyllus ; Triticum aestivum ; Brassica campestris ; Vigna unguiculata	[37, 46, 49, 56]
	Reduz o clorofilas	Sorghum bicolor; Helianthus annus ; Khaya senegalensis ; Catharanthus roseus	[55, 59, 65, 80]
	Aumenta o teor de clorofila	Eruca sativa ; Vigna unguiculata ; Espinafre oleracea ; Trigonella foenum-graecum	[24, 32, 54, 67]
	Reduz o carotenóides	Vicia faba	[52]
	Aumenta o carotenóides	Helianthus annus; Pisum sativum	[52, 55]
	Reduz o teor de açúcar	Sorghum bicolor	[59]
	Aumenta o açúcares	Pisum sativum & Vicia faba ; Trigonella peva-grau	[24, 52]
	Reduz o aminoácidos	ND	ND
Bioquím de a	Aumenta o teor de aminoácidos	Pisum sativum e Vicia faba	[52]

ica vegetal	Reduz o proteínas	Helianthusannus ;Glycine Trigonella foenum-graecum max ;	[25, 44, 55]
	Aumenta o teor de proteínas	Helianthus annus ; Pisum sativum & Vicia faba ; Glycine max ; Trigonella foenum-graecum	[24, 25, 44, 52, 55]
	Reduz o prolina	ND	ND
	Aumenta o prolina	Trigonella foenum-graecum	[24, 25]
	Reduz o teor de fenóis	Trigonella foenum-graecum	[25]
	Aumenta o fenóis	Pisum sativum; Trigonella foenum-graecum	[25, 53]
	Reduz o flavonóides	Trigonella foenum-graecum	[25]
	Aumenta o teor de flavonóides	Pisumsativum ;Trigonella graecum foenum -	[25, 53]
	Induz mutações pontuais não letais no ADN a uma taxa muito elevada elevado	Cicer arietinum	[74]
Moléculas vegetais	Induz aberrações cromossómicas a uma taxas baixas	Triticum aestivum	[81]
	Provoca transições G : C → A: T e A : T→G :C e uma transversão A-T → T-A	Hordeum vulgare ; Zea mays ; Oryza sativa	[34, 41, 82, 83]
	Reduz o número de flores	Dianthuscaryophyllus ;Abelmoschus moschatus	[56, 62]
	Aumenta o número de flores	Abelmoschusmoschatus ;Helichrysum bracteatum	[48, 62]
	Reduz o número de frutos	Lycopersicon esculentun	[72]
	Aumenta o número de frutos	Cicer arietinum; Glycine max; Arachis hypogaea	[36, 44, 57]
Rendimento das plantas	Reduz o número de sementes	Sphenostylis stenocarpa	[45]
	Aumenta o número de sementes	Glycine max; Capsicum annuum	[44, 43]
	Reduz o peso dos frutos	Capsicum annuum	[43]
	Aumenta o peso dos frutos	Lycopersiconesculentun ; Solanum lycopersicum ; Arachis hypogaea	[36, 73, 84]

	Reduz o peso das sementes	Abelmoschus esculentus	[21]
	Aumenta o peso das sementes	Sesamum indicum; Brassica napus; Zea mays; Arachis hypogaea	[35, 36, 47, 64]
	Reduz a produção de frutos	Sphenostylis stenocarpa	[45]
	Aumenta a produção de frutos	ND	ND
	Reduz o rendimento das sementes	Sphenostylis stenocarpa	[45]
	Aumenta o rendimento das sementes	Brassicacampestris ;Abelmoschus esculentus	[21, 46]
	Diminuição da biomassa seca da planta	Khayasenegalensis ; Abelmoschus esculentus ; Hibiscus cannabinus	[22, 60, 65]
	Aumenta a biomassa seca da planta	Sesamum indicum	[22, 64]

ND: Não definido.

Os efeitos da azida de sódio foram revelados em várias espécies de plantas pertencentes a uma grande variedade de famílias (**Quadro 3**).

Tabela 3: A tabela mostra o agrupamento das espécies por família de acordo com os estudos de indução de azida de sódio.

Famílias	Plantas
Amaranthaceae	Espinafres oleracea
Asteraceae	Helichrysum bracteatum ; Helianthus annus
Apocináceas	Catharanthus roseus
Brassicaceae	Brassica campestris; Brassica napus; Eruca sativa
Caryophyllaceae	Dianthus caryophyllus
Cucurbitáceas	Citrullus lanatus
Fabáceas	Vigna unguiculata ; Vicia faba ; Arachis hypogaea ; Glycine max ; Pisum sativum ; Trigonella foenum-graecum ; Cicer arietinum ; Sphenostylis stenocarpa
Malvaceae	Abelmoschus esculentus; Abelmoschus moschatus; Hibiscus cannabinus
Meliáceas	Khaya senegalensis
Moringaceae	Moringa oleifera
Poaceae	Triticum aestivum; Zea mays; Oryza sativa; Hordeum vulgare; Sorgo bicolor
Pedaliaceae	Sesamum indicum
Solanáceas	Solanum lycopersicum ; Lycopersicon esculentun ; Capsicum annuum ; Browallia speciosa

4. Interesse numa nova linha de investigação sobre a indução de mutações no quiabeiro através da aplicação de azida de sódio

Com o seu enorme potencial nutricional [85, 86, 87] e medicinal [87, 88, 89], o quiabo é uma especulação de interesse na luta contra a malnutrição em todo o mundo. Apesar dos trabalhos anteriores destinados a melhorar a sua importância ao longo do tempo por vários meios, continua a ser essencial criar novas caraterísticas interessantes (que devem ser mantidas) utilizando azida de sódio (**Tabela 4**).

Quadro 4: Estudos anteriores sobre o quiabo e proposta de uma nova linha de investigação.

Estudos anteriores				Propostas para uma nova linha de investigação
	Tipos de parâmetros avaliados	Efeito global observado	Referências	
Utilização do SA : *Pré-tratamento: água destilada (06 h) *Concentrações: 1, 2 e 3 g/L (durante 1h) *GE: M1 e M2	Crescimento vegetativo e rendimento	Redução em relação ao controlo + efeito da variedade	[21]	Utilização da SA :* Pré-tratamento : água destilada (pdt 06 h) *Concentrações: 2, 4, 6 e 8 g/L (pdt 06h) * GE: M1; M2 1. Avaliação de in famílias de metabolitos: primários (açúcares, proteínas, etc.); secundários (compostos fenólicos, etc.)
Utilização de AS + raios gama : *Pré-tratamento: nenhum *Concentrações: 20, 40, 60, 80 e 100 kr) + 0,130 g/L e (20, 40, 60, 80 e 100 kr) +. 0,195 g/L (pdt 1h) * GE: (M1)	Crescimento vegetativo e rendimento	Redução em relação ao controlo + efeito da variedade	[90]	
Utilização de raios AS ou gama : *Pré-tratamento: nenhum *Concentrações: 0.5, 1.0, 1.5 e 2.0 g/L (durante 18 h) *GEE: (M1)	Crescimento vegetativo e rendimento + observação da coloração das folhas (planta verde ou albina)	Diminuição dos parâmetros vegetativos em relação ao controlo + Aumento dos parâmetros de rendimento em relação ao controlo	[62]	
Utilização do SA : *Pré-tratamento: nenhum *Concentrações : 0,4; 0,8; 1,2; 1,6 e 2,0 g/L (durante 18 h) *GEE: (M1)	Crescimento vegetativo	Diminuição dos parâmetros vegetativos em relação ao controlo + efeito da variedade	[60]	por dosagem de extractos de folhas e/ou frutos. 2. identificação de compostos

Utilização de SA : *Pré-tratamento: Solução tampão (2 h) *Concentrações: 0,065; 0,130; 0,195 e 2,60 g/L (pdt 1 h) * GE: (M1)	Crescimento vegetativo e rendimento	Redução em relação ao controlo	[50]	(catequina, epicatequina, etc.) específicos de uma família bioquímica (cujo teor deter minado previamente). por cromatografia líquida (HPLC). 3. Avaliação da composição mineralógica (Mg, Ca, K, Ferro, P, etc.) dos frutos e/ou folhas para determinar a sua valor nutricional.
Utilização do SA : *Pré-tratamento: nenhum *Concentrações : 0,2 e 0,5 g/L (durante 5 h) *GEE: (M1)	Crescimento vegetativo; rendimento; actividades de enzimas (catalase, ascorbato peroxidase) e respectivos níveis de expressão.	Não há redução do crescimento vegetativo ou dos parâmetros de rendimento. Aumento da atividade enzimática e da expressão genética relativa nas plantas tratadas em comparação com o controlo.	[61]	

GE: Génération Étudiée; **pdt**: pendente; **AS**: Azoture de Sodium.

Neste contexto de mutagénese induzida, é urgente definir uma nova linha de investigação eficaz, complementar aos estudos anteriores, que nos conduza a resultados mais satisfatórios. Para além disso, esta nova linha de investigação terá de estar associada a um protocolo adequado de indução de mutação com azida de sódio, específico para o quiabeiro (**Figura 1**).

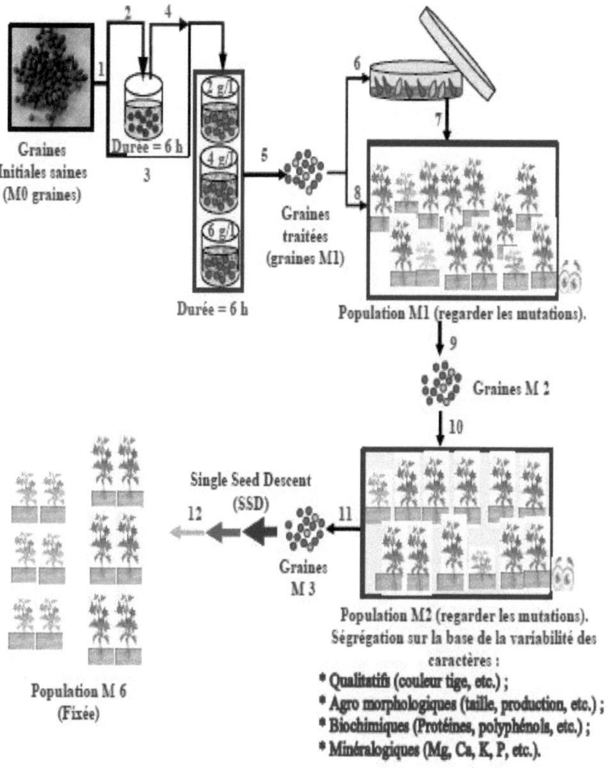

Figura 1: A figura mostra um procedimento de indução de mutação proposto para o quiabo utilizando azida de sódio (**SA**). **1**: duas rotas possíveis. **2**: as sementes são introduzidas no pré-tratamento com água destilada. **3** e **4**: imersão das sementes nas soluções de SA. **5**: lavagem com água e desidratação das sementes (para obter sementes M1). **6**: germinação das sementes. **7** e **8**: semi-separação (direta para 8) das sementes no campo para obter uma população heterogénea (caraterização dos indivíduos). **9:** produção de sementes M2. **10**: Semi-sementeira de sementes M2 para obter uma população M2 (caraterização dos seus indivíduos). **11** e **12:** autofecundações sucessivas de M2 combinadas com SSD para obter mutantes homozigóticos (estáveis). Este protocolo foi inspirado nos de [91, 92].

5. Observação agronómica do efeito da azida de sódio no quiabeiro

Observação geral das plantas no campo (90 dias após a sementeira): ensaio preliminar efectuado na **localidade de Bipindi**, que permite avaliar visualmente o desenvolvimento desta cultura.

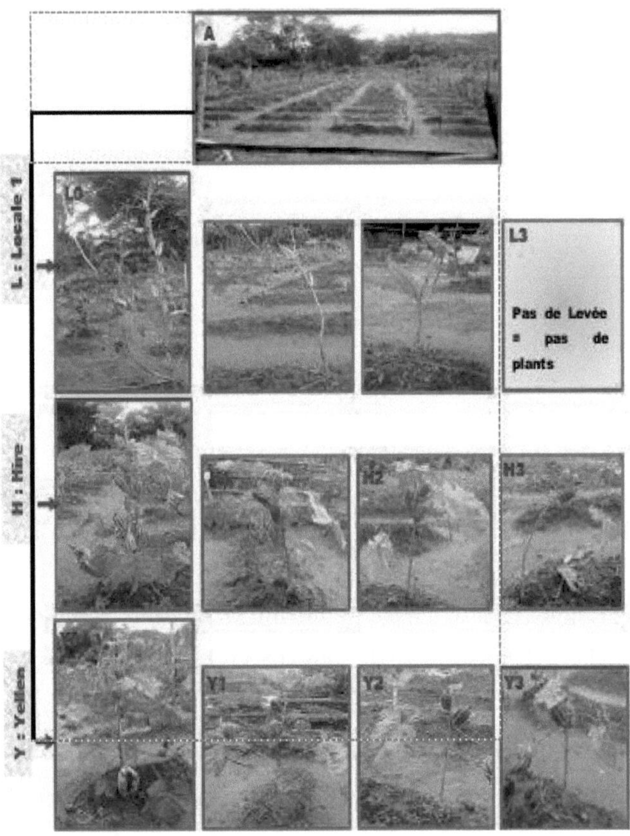

Figura 2: Respostas agronómicas de plantas de quiabeiro cujas sementes foram expostas ou não ao mutagénio (**NaN3**). **A**: Local experimental; **L0** = **H0** = **Y0** = 0 g/L (**Controlo**); **L1** = **H1** = **Y1** = 2 g/L (**de NaN3**); **L2** = **H2** = **Y2** = 4 g/L (**de NaN3**); **L3** = **H3** = **Y3** = 6 g/L (**de NaN3**).

6. Conclusão

O objetivo desta revisão foi fornecer uma atualização sobre a criação de diversidade genética através da aplicação de azida de sódio às sementes. Embora se mantenha dentro de um quadro experimental, o sucesso na produção de mutantes com fenótipos satisfatórios por mutagénese deve ter em conta uma série de factores, tais como a compreensão dos métodos de aplicação e as diferentes respostas da planta. Os efeitos da azida sódica reflectem-se numa série de mutações que podem ser observadas a nível morfológico, fisiológico, bioquímico, molecular e de rendimento. As observações efectuadas sobre a eficácia da azida sódica na sua utilização evidenciaram a complementaridade essencial entre o pré-tratamento, a concentração e a duração da exposição a este mutagénio. Neste contexto, o pré-tratamento com água/água destilada geralmente utilizado favorece a indução da mutação. Esta indução nas sementes implica, de preferência, a utilização de concentrações que vão de 1 a 6 g/L, para tempos de exposição de 2 a 6 horas. Poderiam, assim, ser propostas gamas de concentração padrão, a utilizar noutras plantas, no âmbito de um programa de melhoramento genético por mutagénese com azida de sódio. No final desta revisão, foi proposto um protocolo de indução eficaz, tomando o caso do quiabo, cuja importância e necessidade de criar diversidade genética já não precisam de ser demonstradas na luta contra a soberania alimentar no mundo. É, portanto, essencial realizar um estudo (ensaio prático) sobre a caraterização fitoquímica e a aplicação de azida de sódio (um mutagénico químico) nas sementes de três variedades de quiabo (Abelmoschus esculentus) cultivadas nos Camarões. O objetivo desta experiência é demonstrar a eficácia deste mutagénico na melhoria dos metabolitos nutricionais e bioprotectores desta planta.

CAPÍTULO II

CARACTERIZAÇÃO FITOQUÍMICA E APLICAÇÃO DE AZIDA DE SÓDIO (MUTAGÉNIO QUÍMICO) NAS SEMENTES DE TRÊS VARIEDADES DE QUIABO (ABELMOSCHUS ESCULENTUS) CULTIVADAS NOS CAMARÕES.

Raphaël Simeon NJOCK[1*], Constant Benoit LIKENG-LI-NGUE[1,3], Jude MANGA NDJAGA[2], Hermine Bille NGALLE[1] e Joseph Martin BELL[1]

[1] *Université de Yaoundé 1, Faculté des Sciences, Département de Biologie Végétale, Laboratoire de Génétique et Amélioration des Plantes, BP 812 Yaoundé, Camarões*

[2] *Université de Yaoundé 1, Faculté des Sciences, Département de Biologie Végétale, Laboratoire de Phytopathologie, BP 812 Yaoundé, Camarões*

[3] *Universidade de Yaoundé 1, Faculdade de Ciências, Departamento de Biologia Vegetal, Centro de Investigação e Desenvolvimento dos Produtores Agro-Pastoris dos Camarões (CRAPAC), BP 812 Yaoundé, Camarões*

**Autor correspondente: simeonnjocky@gmail.com*

Resumo

O objetivo deste estudo, realizado em Bipindi, na Região Sul dos Camarões, foi avaliar a resposta fitoquímica de três variedades de quiabo expostas à azida de sódio (SA). Sementes saudáveis foram pré-tratadas com água destilada durante 6 h, depois expostas a SA nas doses de 0, 2, 4 e 6 g/L durante 6 h antes de serem semeadas no campo, num desenho de blocos completamente aleatórios. Os parâmetros foram avaliados 60 dias após a sementeira (plantas maduras, com 50% de floração). Os resultados mostraram uma melhoria significativa e máxima dos valores para determinadas concentrações de SA. O teor de açúcar aumentou 49,40% (em T2 em M2) e 38,72% (em T5 em M1); o teor de proteínas aumentou 30,13% (em T11 em M1); o teor de flavonóides totais aumentou 16,27% (em T5 em M2) e 28,91% (em T5 em M1). % (em T11 em M1). Este trabalho mostra que a aplicação de SA às sementes de quiabo aumenta o valor nutritivo (açúcares e proteínas) e bioprotector (flavonóides) desta planta. Este método de melhoramento genético poderia, portanto, ser aplicado a outras plantas com elevado consumo alimentar e utilizações medicinais que ainda não tenham sido testadas com este mutagénio para melhorar o seu teor de metabolitos.

Palavras chave: Azida de sódio, quiabo, fitoquímicos, bioprotectores, metabolitos.

1. Introdução

A mutação induzida é uma solução alternativa para produzir variabilidade em diferentes caraterísticas [21], e é aplicada ao melhoramento genético de todos os atributos, sejam eles qualitativos ou quantitativos [17]. As caraterísticas melhoradas podem resultar num aumento da qualidade nutricional [93, 24] e medicinal [25] das plantas cultivadas. Assim, o interesse particular pelos mutagénicos químicos no contexto da mutagénese induzida deriva do facto de garantirem um maior sucesso nos programas de seleção que utilizam a propagação vegetativa e a reprodução sexual [14]. Além disso, foi demonstrado que influenciam as alterações biológicas por substituição de bases do ADN [94], o que permite induzir alterações desejáveis e exploráveis em várias caraterísticas [95]. Tendo em conta o número de mutantes produzidos até à data, que a coloca em 8ème posição de importância entre mais de vinte mutagénicos químicos, a popularização da ação da azida sódica (AS: NaN_3) na produção de mutantes em certas plantas como o quiabo não é claramente observada no ranking das especulações preferencialmente testadas [15]. Considerado o mutagénio menos perigoso e mais eficaz, produz um elevado número de mutações com taxas de esterilidade moderadas, associadas a poucas aberrações cromossómicas, produzindo efeitos fisiológicos capazes de induzir um atraso na germinação e no crescimento [24]. No entanto, foi registada uma melhoria do crescimento em certos estudos realizados com Abelmoschus moschatus [62], Pisum sativum e Vicia faba [52], Helichrysum bracteatum [48] e Arachis hypogaea [36]. Seria, portanto, interessante analisar mais de perto o efeito deste mutagénio no quiabo. De facto, o quiabo tem um enorme potencial fitoquímico para ajudar a satisfazer as necessidades dietéticas e medicinais humanas. De acordo com alguns autores, a importância do quiabo depende do órgão em causa [96]. Por exemplo, dependendo da parte da planta utilizada, esta planta tem propriedades medicinais tais como propriedades gastroprotectoras, antioxidantes, anti-inflamatórias e antimicrobianas [89]. Graças à pectina que contém, reduz o colesterol no sangue [87]; o seu elevado teor de fibras regula os níveis de açúcar no sangue [88]. Além disso, o quiabo fornece um óleo rico em ácidos gordos insaturados (ácidos oleico e linoleico) essenciais para a saúde humana [86]. É também uma boa fonte de potássio, sódio, magnésio, cálcio, zinco e níquel [85], bem como de vitaminas B1, B2, B3, B5 e B6 [87]. Atualmente, quase mil milhões de pessoas estão subnutridas, particularmente na África Subsariana (239 milhões) [97]. Do mesmo modo, a produção de quiabo nesta sub-região é muito inferior à procura apenas nos Camarões [98]. Até 2080, mais 266 milhões de pessoas poderão estar em risco de passar fome [97]. Além disso, tendo em conta o nível atual de pobreza, mais de mil milhões de pessoas ainda gastam mais de 10% do seu orçamento familiar em cuidados de saúde [99], pelo que o consumo regular de quiabo, longe de ser uma panaceia, poderia ser uma grande ajuda para aliviar estes problemas. Para ter em conta a situação atual, será necessário desenvolver variedades de quiabo com um fenótipo interessante e satisfatório. Por conseguinte, é necessário um estudo para avaliar a variação dos metabolitos no quiabeiro. O objetivo deste estudo é avaliar a resposta fitoquímica de três variedades de quiabo expostas à azida de sódio.

2. Materiais e métodos

2-1. Apresentação do sítio de estudo

O ensaio está a ser conduzido nos Camarões (**Figura 1)**, no Foyer Notre-Dame de la Forêt (FONDAF) (2°58'8.97" N / 9°56'9.08" E) situado na localidade (Arrondissement) de Bipindi, Département de l'Océan, Région du Sud, durante as épocas de cultivo de março - maio (M1: primeira geração) e agosto - outubro (M2: segunda geração) em 2022.

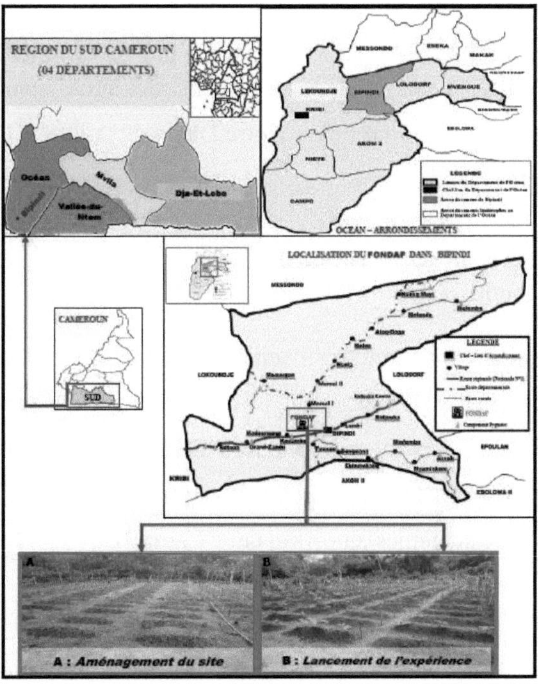

Figura 1: Mapa com a localização do local de estudo.

De acordo com o seu Plano de Desenvolvimento Comunal de 2015, a Comuna Rural de Bipindi, criada pelo Decreto n.º 95/082 de 24 de abril de 1995, situa-se a 78 quilómetros de Kribi, a sudoeste de Yaoundé (capital política). Cobre uma superfície de cerca de 750 $km.^2$ O clima é tropical húmido, equatorial. A precipitação média anual é de 1.700 mm e a temperatura média é de 25,5°C. O relevo desta comunidade faz parte do vasto planalto do sul dos Camarões, com uma altitude média de 650 m e fazendo fronteira com a planície costeira. O relevo é acidentado, com colinas isoladas ou complexos de colinas, declives variáveis e presença de algumas rochas. Os solos pertencem ao grupo dos solos ferralíticos fortemente dessaturados. São solos argilosos tropicais de cor castanha amarelada a castanha clara. O PH é geralmente ácido. Nas planícies, encontram-se também solos hidromórficos muito mal drenados. A zona é regada por uma rede hidrográfica composta por oito rios principais: Lokoundjé, Moungué, Kpwa, Bidjouka, Nsola, Melombo, Tyango, Mougue e os seus numerosos afluentes. Estes numerosos cursos de água mantêm o clima e abastecem as casas, incluindo o Foyer Notre Dame de la Forêt (FONDAF), onde esta experiência foi realizada.

2-2. Material vegetal

O material vegetal era constituído por sementes de três variedades de quiabo (Abelmoschus esculentus). A variedade Locale 1 provém do campo experimental da Unité Génétique Appliquée (UGAP) da Universidade de Yaoundé 1; as variedades Hire e Yellen foram fornecidas pela Agri-Espoir, uma empresa de venda de sementes autorizada nos Camarões.

2-3. Materiais mutagénicos

O agente mutagénico utilizado para induzir as mutações é a azida de sódio (AS; NaN_3). É fornecido nos Camarões pela empresa BST (Biosciences and

Technologies).

2-4. Protocolo de indução de mutações

A indução de mutações é efectuada de acordo com o protocolo que se segue (**Figura 2**). Além disso, as sementes foram semeadas no campo de acordo com os tratamentos e a montagem experimental. Os dados foram recolhidos a partir de extractos de folhas.

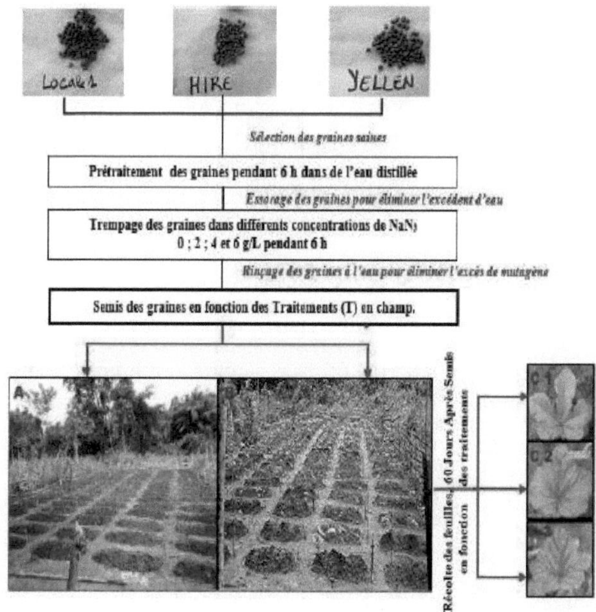

Figura 2: Protocolo de indução de mutação. **A**: Disposição do local; **B**: Plantas em crescimento; **C:** Folhas maduras utilizadas para recolher dados fitoquímicos (**C1:** Local 1, **C2:** Hire e **C3:** Yellen).

2-5. Instalação experimental

O esquema experimental utilizado é um esquema de blocos completamente aleatórios, com um conjunto de factores que reflectem as suas caraterísticas (**quadro 1**).

Quadro 1: Caraterísticas da instalação experimental utilizada

Tratamentos	Significados	Tratamentos	Significados	Tratamentos	Significados
T0	Local 1 + 0 g/L azida de sódio	T4	Aluguer + 0 g/L Azida de sódio	T8	Yellen + 0 g/L azida de sódio
T1	Local 1 + 2 g/L de azida de Sódio	T5	Hire + 2 g/L de azida de sódio Sódio	T9	Yellen + 2 g/L de azida de Sódio
T2	Local 1 + 4 g/L de azida de Sódio	T6	Hire + 4 g/L de azida de sódio Sódio	T10	Yellen + 4 g/L de azida de Sódio
T3	Local 1 + 6 g/L azida de sódio	T7	Aluguer + 6 g/L Azida de sódio	T11	Yellen + 6 g/L azida de sódio

2-6. Recolha e análise estatística

Os parâmetros seguintes, utilizados para caraterizar o comportamento das plantas de quiabo, foram avaliados 60 dias após a sementeira, ou seja, a 50% da floração das plantas (plantas maduras). Foram medidos seis parâmetros bioquímicos para cada variedade, utilizando extractos de folhas. Foram eles: clorofila total (cltotal) [100]; aminoácidos totais (AAT) [101]; proteínas solúveis totais (PST) [102]; açúcares solúveis totais (SST) [103]; polifenóis totais (PPT) [104]; flavonóides totais (FT) [105]. Os resultados destes parâmetros foram submetidos a uma análise de variância (ANOVA). Os testes de comparação de médias foram efectuados independentemente para M1 e M2 utilizando o método de Duncan com um limiar de 5% configurado no software SPSS 18.0.

3. Resultados

3-1. Teor de clorofila total

A Figura 3 ilustra a variação da resposta da clorofila em função do tratamento e da geração. As três variedades apresentaram comportamento semelhante, com uma diminuição significativa dos valores deste parâmetro com o aumento das doses de azida sódica (SA) em relação à testemunha. O decréscimo no Locale 1 variou de 20,70 a 23,08% em M1 e de 4,90 a 8,30% em M2, para T1 e T2 respetivamente. Para Hire, caiu de 12,42 para 22,22% em M1 e de 6,04 para 18,36% em M2, de T5 a T7, respetivamente. No caso da Yellen, reduz-se de 10,18 para 17,49% no M1 e de 2,50 para 9,40% no M2, respetivamente do T8 para o T11. Estes resultados indicam uma ação mais severa do mutagénico na primeira geração. Além disso, na localidade 1, a dose de NaN_3 aplicada em T3 seria letal para esta variedade.

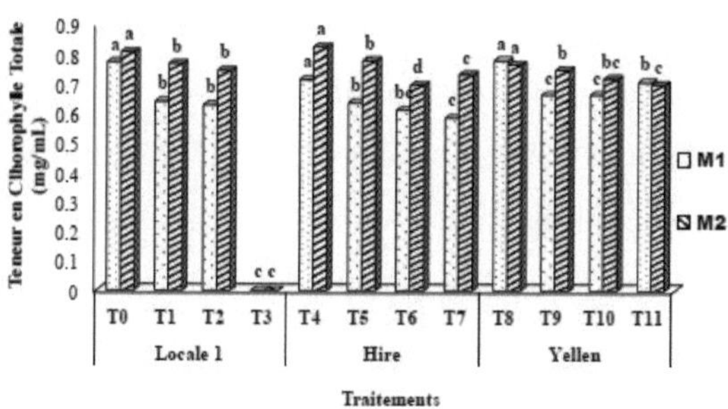

Figura 3: Efeito da azida de sódio no teor de clorofila total de três variedades de quiabo em M1 e M2.

3-2. Teor de metabolitos primários

Com base na **figura 4**, verifica-se que a resposta em açúcar das três variedades aos tratamentos utilizados não é semelhante, o que reflecte um efeito de variedade. Contrariamente à variedade Yellen, a Locale 1 e a Hire registaram um aumento significativo dos seus valores para os tratamentos que receberam SA. O aumento no Locale 1 variou de 25,30 a 28,90% em M1 e de 25,58 a 49,40% em M2, para T1 e T2 respetivamente. No Hire, aumentaram de 38,72% (para T5) em M1 e de 7,50 (para T5) a 20,80% (para T7) em M2. Em contraste, o declínio de Yellen varia de 36,82% (em T10) a 50,17% (em T11) em M1 e de

4,93% (em T11) a 13,01% (em T10) em M2. A acumulação deste metabolito foi maior em T2 (em M2) e T5 (em M1) para a Localidade 1 e Hire, respetivamente.

O quadro 2 mostra as quantidades de metabolitos proteicos produzidos pelas variedades Locale1, Hire e Yellen expostas ou não ao NaN_3 . A observação geral revela, mais uma vez, um efeito de variedade, que se reflecte no comportamento diferente de cada uma das três variedades com doses crescentes de NaN .3 No que diz respeito ao AAT, não se registou qualquer variação significativa no Hire em M1 e M2. No entanto, em Yellen registou-se um aumento significativo deste metabolito, variando de 18,70 a 30,05% em M1 de T9 a T11 e 36,25% (para T11) em M2. Por outro lado, na Localidade 1, os valores deste parâmetro diminuíram 19,30% em M1 e 22,22% em M2 para T2, respetivamente. No caso do TSP, Yellen apresentou uma melhoria significativa de 4,20 para 30,13% em M1 e de 5,10 para 28,26% em M2 de T9 para T11, respetivamente. Por outro lado, Hire e Locale 1 registaram uma queda significativa neste parâmetro. Verificou-se uma diminuição de 13,87% em M1 e de 8,60% em M2 para T7; além disso, registou-se uma redução de 3,70 a 4,90% em M1 e de 8,04 a 9,87% para T1 e T2, respetivamente. A acumulação destes metabolitos foi maior em Yellen, nomeadamente para T11 em M1 e M2.

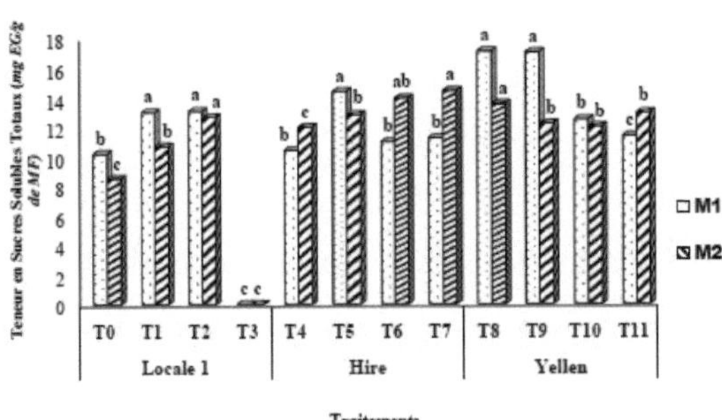

Figura 4: Efeito da azida de sódio no teor de açúcar solúvel total das três variedades de quiabo em M1 e M2.

Quadro 2: Efeito da azida de sódio no teor de aminoácidos totais e proteínas solúveis totais de três variedades de quiabo em M1 e M2.

Variétés	Traitements	AAT		PST	
		M1	M2	M1	M2
Locale 1	T0	11,43 a	14,73 a	31,74 a	33,05 a
	T1	10,76 ab	14,31 a	30,24 b	31,16 b
	T2	9,58 b	12,05 b	30,59 b	30,08 b
	T3	0,00 c	0,00 c	0,00 c	0,00 c
Hire	T4	9,26 a	8,34 a	31,03 a	31,67 a
	T5	8,21 a	8,14 a	30,81 a	31,93 a
	T6	8,19 a	7,51 a	31,12 a	31,49 a
	T7	8,35 a	7,85 a	27,25 b	29,16 b
Yellen	T8	8,65 c	7,53 b	25,22 d	24,87 c
	T9	10,27 b	7,48 b	26,28 bc	26,10 b
	T10	10,74 ab	8,20 b	27,95 b	27,45 b
	T11	11,25 a	10,26 a	32,82 a	31,90 a

* **AAT (mg Egly/g MF)** = Aminoácidos totais; PST **(mg Eq BSA/g MF) :** Proteínas solúveis totais.

3-3. Teor de metabolitos secundários

Os resultados das análises do efeito da azida sódica sobre a variação dos compostos fenólicos nas variedades Locale 1, Hire e Yellen (**quadro 3**) mostram que, globalmente, estas três variedades apresentam respostas diferentes em função das doses de SA. Os valores de PPT não apresentaram variações significativas em M1 e M2 para Hire. No entanto, em Yellen, houve um aumento significativo nos níveis desta família de metabolitos, variando de 33,47 a 43,24%, respetivamente, de T9 a T11 em M1 e de 12,79% (a T11) em M2. Por outro lado, na Localidade 1 este parâmetro diminuiu de 17,48 para 19,08% em M1 e de 12,72 para 49,14% em M2 para T1 e T2 respetivamente.No caso dos FTs, Hire e Yellen registaram um aumento significativo dos seus valores. Para Hire, estes variam entre 13,99% em M1 e 16,27% em M2 para T5, respetivamente. Para Yellen, variam de 17,11% a 28,91% em M1 e de 4,28% a 22,82% em M2, respetivamente, de T9 a T11. Em contrapartida, os valores de Locale 1 diminuíram significativamente de 20,16% para 23,35% em M1 e de 12,82% para 28,57% em M2 para Q1 e Q2, respetivamente. No caso do FT, foi melhor em T5 (em M2) e T11 (em M1) para Hire e Yellen, respetivamente.

Quadro 3: Efeitos da azida de sódio no teor de polifenóis e flavonóides totais de três variedades de quiabos em M1 e M2.

Variétés	Traitements	PPT		FT	
		M1	M2	M1	M2
Locale 1	T0	26,14 a	27,92 a	16,27 a	17.69 a
	T1	22,25 b	24,77 b	13,54 b	15.68 b
	T2	21,91 b	18,72 c	13,20 b	13.87 c
	T3	0,00 c	0,00 d	0.00 c	0,00 d
Hire	T4	22,25 a	23,09 a	14.34 b	14.87 b
	T5	23,22 a	23,19 a	16,26 a	17,29 a
	T6	22,83 a	22,66 a	14.13 b	14.81 b
	T7	23,42 a	23,01 a	14,62 b	14,97 b
Yellen	T8	16,37 b	22,12 b	11.04 c	13.54 b
	T9	21,85 a	22,14 b	13,32 b	14,12 b
	T10	22,86 a	23,94 ab	14,93 a	15,97 a
	T11	23,45 a	24,95 a	15,53 a	16,63 a

* **PPT (mg EAG/g MF)** = Polifenóis totais; **FT (mg EQ/g MF)** = Flavonóides totais.

4. Discussão

4-1. Teor de clorofila total

A redução significativa dos níveis de Chltotal nos tratamentos tratados com AS, em comparação com os controlos correspondentes, pode ser justificada pelo facto de ter havido uma redução no processo de formação das folhas e no desenvolvimento da superfície foliar, o que implica uma redução na produção de pigmentos de clorofila. Foi também observada uma redução dos valores obtidos após a aplicação deste mutagénio a plantas como Sorghum bicolor, Helianthus annuus e Catharanthus roseus [59, 55, 80]. Além disso, doses elevadas deste mutagénio podem parar as enzimas necessárias para a iniciação das folhas, afectando assim a taxa de fotossíntese [43]. Além disso, o tratamento com NaN_3 aumenta a produção de moléculas oxidativas [53]. O aumento destas moléculas oxidativas está associado à deterioração ou destruição dos cloroplastos, incluindo a inibição da síntese de clorofila e/ou a destruição da clorofila [55] por peroxidação. [106]. Além disso, como o azoto é um constituinte estrutural fundamental das moléculas de clorofila, a inibição da sua assimilação devido à ação deste mutagénico poderia ser a causa da queda deste pigmento. Além disso, observou-se que uma carência deste mineral perturba a produção e a acumulação de clorofila na lentilha [107].

4-2. Teor de metabolitos primários

Os resultados obtidos, que ilustram o aumento significativo da SST nas variedades Locale 1 e Hire, estão ligados a uma disfunção fisiológica induzida por este mutagénio. Esta disfunção traduzir-se-ia por uma conversão elevada do CO atmosférico$_2$ em açúcares, seguida de uma redução do consumo destes açúcares (no caso da glicose) para fins de metabolismo celular. De facto, os seus hidratos de carbono constituem o substrato básico produzido pela fotossíntese, a partir do qual se produz a energia (necessária ao funcionamento celular), os aminoácidos (unidade básica das proteínas: a partir das cadeias de carbono dos hidratos de carbono + minerais azotados do solo) e as proteínas (a partir da membrana celular e das enzimas). Os resultados registados após a aplicação deste mutagénio a Pisum sativum e Vicia faba mostraram um aumento da SST com o aumento da concentração de SA [52]. Assim, o aumento do teor de SST é um mecanismo de defesa da planta associado à sua exposição ao mutagénio. O mutagénio induz a ativação de determinados genes que são expressos no sentido da acumulação destes osmólitos [108]. A resposta registada para AAT e PST revela um aumento destes metabolitos em Yellen. A observação para os AAT poderia ser explicada por um aumento da sua produção, que depende da combinação de grupos amina do amoníaco mineral e das cadeias de carbono de açúcares previamente sintetizados. Pensa-se também que a evolução dos AAT está ligada à despolimerização da estrutura das nucleoproteínas já formadas em aminoácidos [109]. Quanto às TSP, pensa-se que o seu aumento é a expressão de um mecanismo de regulação, em resposta à desestruturação das proteínas celulares essenciais provocada por este mutagénio. De facto, para compensar as necessidades da planta em relação a estes metabolitos, desenvolver-se-ia uma aceleração dos processos de transcrição e de tradução, implicando uma síntese significativa de moléculas proteicas. Os resultados registados após a aplicação deste mutagénio a Pisum sativum e Vicia faba mostraram um aumento de AAT e PST com o aumento da concentração de SA [52]. Além disso, foi observado que os tratamentos com SA induziram um aumento dos valores de PST em comparação com os controlos em Trigonella foenum-graecum [24]. No entanto, a diminuição do conteúdo proteico (observada no Local 1 e Hire) pode ser causada por um processo de degradação proteica grave resultante do aumento da atividade da protease [110]. É também provável que a azida sódica tenha causado a fragmentação das proteínas devido aos efeitos tóxicos das espécies reactivas de oxigénio, que permite produzir in vivo e que conduzem a uma redução do teor de proteínas [55]. Além disso, foi observado que o efeito do NaN_3 reduz o nível celular de calmodulina, uma proteína de transdução de sinal de ligação ao cálcio envolvida no processo de divisão celular [23, 52].

4-3. Teor de metabolitos secundários

Os resultados das análises que revelam uma melhoria da PPT em Yellen e da FT em Hire e Yellen reflectem efetivamente o impacto do NaN_3 na criação de variabilidade nesta planta. O PPT e o FT são moléculas produzidas com propriedades medicinais [111] e bioprotectoras [112] contra as agressões externas. É possível que a ação stressante do sal AS tenha aumentado a produção destes metabolitos nestas variedades, melhorando assim os seus mecanismos de defesa e o seu valor terapêutico. Além disso, com base nos resultados obtidos com Hire e Yellen, verificou-se que uma outra experiência mostrou que, em 80% dos casos, um aumento da concentração de SA provocava uma alteração do teor de PPT e FT em Pisum sativum, Vicia faba e Trigonella foenum-graecum [25, 53]. Os flavonóides são frequentemente induzidos por stresses abióticos para promover a proteção das plantas [113]. Funcionam também como antioxidantes que protegem os lípidos das membranas contra a oxidação [114]. Assim, os elevados níveis de fenóis e flavonóides encontrados na Trigonella foenum- graecum implicam uma maior atividade antioxidante (medicinal) [115]. Este último combate a degeneração dos componentes celulares relacionada com a idade [116].

No entanto, observou-se que estes fenóis possuem propriedades antimutagénicas que podem estar envolvidas na desativação de mutagénicos [117]. Poderiam, por conseguinte, inativar os intermediários reactivos formados a partir do SA [118]. Por exemplo, estes metabolitos são capazes de inibir 82% da atividade mutagénica da azida de sódio em Salmonella typhimurium [119]. Concretamente, bloqueiam a transferência do mutagénio para o citosol, ligando-o aos transportadores da membrana externa da célula [120]. Os compostos fenólicos podem, portanto, interagir diretamente e de forma não enzimática com o mutagéneo ou formar um complexo entre eles e o mutagéneo (NaN_3 - Phenols), reduzindo assim a biodisponibilidade do mutagéneo [121]. Deste modo, para Hire e Yellen, o aumento da sua produção destes compostos biológicos após a exposição à IA reflectiria a instauração por estas variedades de um mecanismo de autorregulação com a intenção de repor ou manter o seu metabolismo a níveis normais. Os compostos fenólicos são, portanto, bons indicadores da intensidade da ação de um agente mutagénico como o GA numa planta como o quiabeiro.

5. Conclusão

Este trabalho, que avaliou o comportamento fitoquímico de três variedades de quiabo expostas à azida sódica, revelou uma resposta geralmente variada em termos de produção de metabolitos entre Locale1, Hire e Yellen. No entanto, verificou-se uma melhoria da resposta bioquímica em algumas destas plantas, em função dos tratamentos. Por exemplo, este mutagénio induziu um aumento máximo significativo de: açúcares em T2 (em M2) para Locale1 e T5 (em M1) para Hire; proteínas em T11 (em M1) para Yellen; flavonóides em T5 (em M2) para Hire e T11 (em M1) para Yellen. A mutagénese por aplicação de SA às sementes de quiabo aumenta o valor nutritivo da planta (açúcares e proteínas), bem como o seu valor bioprotector e medicinal (flavonóides). Este método de melhoramento genético deve, portanto, ser alargado a outras variedades e plantas com elevado consumo alimentar e utilizações terapêuticas ainda não testadas por esta mutagénese, para melhorar o seu teor de metabolitos.

REFERÊNCIAS

[1] - FAO, Sustainably increasing crop production: insights from biological processes. Ed. FAO: Roma, (2011) 1-40.

[2] - FAO, O Estado da Alimentação e da Agricultura. Ed. FAO: Roma, (2016) 1-214.

[3] - FAO, Appropriate seed varieties for small-scale farmers: key practices for DRR practitioners. FAO Ed: Roma, (2014) 44 páginas.

[4] - R. A. Laskar e S. Khan, Enhancement of genetic variability through chemical mutagenesis in broad bean (Melhoramento da variabilidade genética através de mutagénese química em favas). Agro. Technol (2nd Conferência Internacional de Ciências Agrárias e Hortícolas), No. 2 (2014) 1-4 páginas.

[5] - O. Yusuff, A. Norhani, Y. R. Ghazali Mohd, R. Asfaliza, A. R. Harun, M. Gous, e U., Magaji, Princípio e aplicação da mutagénese vegetal no melhoramento das culturas: uma revisão. Biotecnologia e Equipamentos Biotecnológicos, 30(1) (2016) 1-16.

[6] - M. C. A. Kharkwal, Breve história da mutagénese vegetal. Em: Shu Q. Y., Forster B. P., Nakagawa H., editores. Plant mutation breeding and biotechnology (Cap. 24). Wallingford: CABI, (2012) 21 - 30 p.

[7] - S. Diriba, Efeitos da colchicina e sua aplicação no melhoramento do feijão-frade
Artigo de revisão. Revista Internacional de Investigação em Inovação Atual, 3(9) (2017) 800 - 804.

[8] - J. Bertam, "A biologia molecular do cancro". Mol. Aspects Med, 21 (6) (2000) 167-223.

[9] - R. Pathirana, Plant mutation breeding in agriculture: Review. CAB Reviews: Perspectivas em Agricultura, Ciências Veterinárias, Nutrição e Recursos Nutricionais, 6(32) (2011) 1-20.

[10] - D. Arulbalachandran, L. Mullainathan e S. Velu, Screening of mutants in

black gram (Vigna mungo (L.) Hepper) with effect of DES and COH in M generation. J. Phytol, 1(4) (2009) 213-218.

[11] - R. Roychowdhury & J. Tah, Mutagenesis a potential approach for crop improvement. Em: Hakeem K. R., Ahmad P., Ozturk M., editores. Melhoramento de culturas: novas abordagens e técnicas modernas (Cap. 4). Nova Iorque (NY): Springer, (2013) 149-187 p.

[12] -. S. Predieri, Mutation induction and tissue culture in improving fruits (Indução de mutação e cultura de tecidos no melhoramento de frutos). Plant Cell Tissue and Organ Culture, 64(2) (2001) 185-210.

[13] -. K. P. M. Dhanayanthi e V. Reddy, Cytogenetic effect of gamma rays and ethyl methane sulphonate in chilli piper (Capsicum annum). Cytologia, 65 (2000) 129-133.

[14] - T. A. Bhat, A. H. Khan e S. Parveen, Análise comparativa das anomalias meióticas induzidas por raios gama, EMS e MMS em Vicia faba L. J. Ind. Bot. Soc. 84 (2005) 45-48.

[15] - Anónimo. Manual de melhoramento de plantas por mutação. 3ème edition. FAO/IAEA: Viena, (2020) 1-270 páginas.

[16] - I. Ragunathan e N. Panneerselvam, Antimutagenic potential of curcumin on 16 chromosomal aberrations in Allium cepa. Journal of Zhejiang University Science, 8 (7) (2007) 470-475.

[17] - A. Kleinhofs, W. Owais e R. A. Nilan, Sodium Azide induced mutagenesis in wheat plant. Mut. Res. 55 (1978) 165-195.

[18] - Y. W. Micheale, T. B. Yemane, B. S. Desta, G. A. Girmay, M. J. Hagos, B. K. Abraha, B. S. Fiseha, M. G. Hailay, S. G. Tesfakiros, M. M. Mohammed, M. G. Mullubrhan, K. M. Birhanu, T. Medhin, D. B. Birhanu, e A. G. Haftay, Tratamento de sementes com azida de sódio para caraterísticas quantitativas e qualitativas de cápsulas na geração M2 de catorze genótipos de sésamo etíope (Sesamum indicum L.). Heliyon CellPress, 9 (2023) 1-11.

[19] - I. T. Dave, O. A. Neil e J. Van Staden, Poliploides somáticos induzidos

por colchicina a partir de sementes germinadas in vitro de espécies de Wiatsonia da África do Sul. Hortscience, 45(9) (2010) 1398-1402.
[20] - L. Meiya, D. Bin, H. Weipeng, P. Jieli, D. Zhishan e J. Fusheng, Indução e caraterização de tetraploides a partir de sementes de Bletilla striata (Thunb.) Reichb.f. BioMed Research International, (2018) 1-8.
[21] - N. Mir Muhammad, R. Muhammad, N. Nazo, H. A. N. Syed, H. K. Arif e G. Juma, Efeito de mutagénicos químicos no crescimento do quiabo (Abelmoschus esculentus L. Moench). Biologia Pura e Aplicada, 9(1) (2020) 1110-1117.
[22] - O. I. Ehoniyotan e E. O. Aiyenigba, Efeito da azida de sódio nas caraterísticas agro-morfológicas de quatro variedades de Kenaf (Hibiscus cannabinus). GSC Ciências Biológicas e Farmacêuticas, 08(03) (2019) 010-016.
[23] - S. Siddiqui, M. K. Meghvansi e Z. Hasan, Cytogenetic changes induced by sodium azide (Sodium azide NaN_3) on Trigonella foenum-graecum L. seeds. South African Journal of Botany, 73 (2007) 632-635.
[24] - P. G. Bansod, S. R. Shrivastav e V. A. Athawale, Avaliação dos Efeitos Mutagénicos Físicos e Químicos da Azida de Sódio na Geração M1 de Trigonella foenum-graecum L. Revista Internacional de Investigação Científica Recente, 10(7) (2019) 33695-33699.
[25] - N. Neha, C. Sana, S. Nidhi, H. Nazarul, A. Al-S. Najla, e A. El-M. Diaa, Frequência e espetro de mutantes M2 e variabilidade genética nas caraterísticas cito- agronómicas do feno-grego induzidas por cafeína e azida de sódio. Fontiers in Plant Science, (2023) 1-21.
[26] - C. O. M. Sunday, M. O. Regland, O. Opeyemi, S. E. Ifeoma, O. Abisola e A. A. Muinat, Avaliação da divergência genética em linhas mutantes de tomate (Solanum lycopersicum L.). Jornal Internacional de Engenharia Ciências Aplicadas e Tecnologia, 4(7) (2019) 204-210.
[27] - C. A. Adeosun, K. A. Elem, and C. D. Eze, Mutagenic effects of sodium azide on the survival and morphological characters of tomato varieties. Nig. J.

Biotech, 37(1) (2020) 55-62.
[28] - Y. W. Micheale, T. B. Yemane, B. S. Desta, G. A. Girmay, M. J. Hagos, B. K. Abraha, B. S. Fiseha, M. G. Hailay, S. G. Tesfakiros, M. M. Mohammed,M. G. Mullubrhan, K. M. Birhanu, T. Medhin, D. B. Birhanu, e A. G. Haftay, Effect of Sodium Azide on Quantitative and Qualitative Stem Traits in the M2 Generation of Ethiopian Sesame (Sesamum indicum L.) Genotypes. The Scientific World Journal Hindawi, (2021) 1-13.
[29] - S. Abdullahi, B. Y. Abubakar, M. A. Adelanwa, S. A. Shehu, I. M. Zangoma, e A. M. Amshi, Effects of Gamma Rays and Sodium Azide on Yeild Parameters of Phaseolus VulgarisL. Revista Internacional de Investigação, 2(11) (2015) 2348-6848.
[30] - M. L. Sorishima, J. O. Joshua, H. K.-N. Emmanuel, T. A. Kpadoo, I. Dennis e E. T. Jeff, Ação Mutagénica da Azida de Sódio na Germinação e Emergência em Landraces de Phaseolus vulgaris L. na Zona Agro-Ecológica do Planalto de Jos. Jornal de Agricultura e Ciências Veterinárias, 10(2) (2017) 64-70.
[31] - A. Asad, H. Salma e U. Kr. Deka, Sensibilidade mutagénica na geração precoce em Black Gram (Vigna mungo L. Hepper). Jornal de Agricultura e Ciências Veterinárias, 7(8) (2014) 2319-2372.
[32] - A.-Q. Fahad, Efeitos da Azida de Sódio no Crescimento e nos Traços de Rendimento de
Eruca sativa (L.). Revista Mundial de Ciências Aplicadas, 7 (2) (2009) 220-226.
[33] - G. Vinithashri, S. Manonmani, G. Anand, S. Meena, K. Bhuvaneswari e J. A. John, Eficácia mutagénica e eficiência da azida de sódio em variedades de arroz. Revista eletrónica de melhoramento de plantas, 11(1) (2020) 197-203.
[34] - J. J. Eze e A. Dambo, Efeitos Mutagénicos da Azida de Sódio na Qualidade das Sementes de Milho. Jornal de Investigação Laboratorial Avançada em Biologia, 6(3) (2015) 76-82.
[35] - B. D. Mustapha, Y. Adamu, I. A. Aminu e A. A. Zainab, Efeitos

mutagénicos da azida de sódio em algumas caraterísticas qualitativas do milho (Zea mays). Jornal Africano de Ciências Biológicas, 3(1) (2021) 52-57.

[36] - T. A. Eman, Assessment Effect of Mutations on Genetic Variability of Yield and Its Components in some Genotypes of Peanut (Arachis hypogaea L.). J. of Plant Production, 13 (12) (2022) 919-927.

[37] - S. A. Sheikh, M. R. Wani, M. A. Lone, M. A. Tak e N. A. Malla, Danos biológicos induzidos por azida de sódio e variabilidade para caraterísticas quantitativas e teor de proteínas no trigo [Triticum aestivum L.]. Journal of Plant Genomics, 2(1) (2012) 34-38.

[38] - P. Srivastava, S. Marker, P. Pandey e D. K. Tiwari, Mutagenic effects of sodium azide on the growth and yield characteristics in wheat (Triticum aestivum L., Em. Thell.). Asian Journal of Plant, 10(3) (2011) 190 - 201.

[39] - B. Dyulgerova e N. Dyulgerov, Efeito mutagénico da azida de sódio em cultivares de cevada de inverno. Ciência e Tecnologia Agrícolas, 14(2) (2022) 27-33.

[40] - A. A. Reem e M. A.-I. Samir, "Effect of Different Concentrations of Sodium Azide on Some traits of Barley (Hordeum Vulgare L.)" [Efeito de diferentes concentrações de azida de sódio em algumas caraterísticas da cevada (Hordeum Vulgare L.)]. Ata Scientific Agriculture, 6(8) (2022) 04-08.

[41] - O. Olsen, W. Xingzhi e V. W. Diter, Sodium azide mutagenesis : Preferential generation of AT -> GC transitions in the barley Antl8 gene Proc. Natl. Acad. Sci. 90 (1993) 8043-8047.

[42] - Yafizham, e B. Herwibawa, Os efeitos da azida de sódio na germinação de sementes e no crescimento de mudas de pimenta malagueta (Capsicum annum L. cv. Landung). Simpósio Internacional de Alimentos e Agro-biodiversidade, 102 (2017) 1-5.

[43] - J. O. Omeke, E. O. Ojua, N. M. Eze e N. E. Abu, Effect of sodium azide induction on morphological traits of shombo and tatase (Capsicum annuum L.). Jornal Agrícola Nigeriano, 52(1) (2021) 111-117.

[44] - H. Sajid, A. Zahid, S. Ghulam e A. Qadeer, Response of Soybean Genotypes to Different Levels of Mutagens for Yield Related Attributes (Resposta de Genótipos de Soja a Diferentes Níveis de Mutagénicos para Atributos Relacionados com o Rendimento). Biomed J. Sci. & Tech. Res. 25(1) (2020) 18757-18764.

[45] - T. A. Solomon, A. A. Johnson, and C. U. Paul, Impact of sodium azide on maturity, seed and tuber yields in M1 African yam bean [Sphenostylis stenocarpa (Hochst ex A. Rich) Harms] generation. Trop. Agric. 98 (1) (2021) 16-27.

[46] - G. Kumar & K. Dwivedi, Efeito Complementar Induzido por Azida de Sódio da Aderência Cromossómica em Brassica campestris L. Jordan Journal of Biological Sciences, 6(2) (2013) 85-90.

[47] - H. Saddam, M. K. Wisal, S. K. Muhammad, A. Naveed, U. Nosheen, A. Sajjad, A. S. S. Sajjad e Syed Efeito mutagénico da azida de sódio (NaN_3) na geração M2 de Brassica napus L. (variedade Dunkled). Biologia Pura e Aplicada, 6(1) (2017) 226-236.

[48] - M. A. El-Khateeb, A. Rawia, K. H. I. Eid Hashish, H. A. Ashour e R. M. S. Radwan, Determinação da eficácia da mutagénese química utilizando azida de sódio para melhorar o crescimento vegetativo e as caraterísticas de floração em Helichrysum bracteatum L. Plant Journal of Pharmaceutical Negative Results, 13(3) (2022) 1894-1904.

[49] - R. Aamir, R. T. Younas e K. Samiullah, Assessment of Bio physiological damages and cytological aberrations in cowpea varieties treated with gamma rays and sodium azide (Avaliação de danos biofisiológicos e aberrações citológicas em variedades de feijão-frade tratadas com raios gama e azida de sódio). PLoS ONE, 18(7) (2022) 1-26.

[50] - H. M. Ati, Efeito do Raio Gama e da Azida de Sódio na Germinação, Sobrevivência e Morfologia de Variedades de Okro (Abelmoschus esculentus L. moench). Revista Internacional de Horticultura e Agricultura, 2(1) (2017) 1-4.

[51] - S. Kirti, K. S. Alok, D. K. Dwivedi, N. A. Khan e S. P. Singh, Efeitos da azida de sódio na germinação de sementes e no crescimento de plântulas em arroz Kalanamak. The Pharma Innovation Journal, 11(7) (2022) 711-713.

[52] - K. M. Saad-Allah, M. Hammouda e W. A. Kasim, Efeito da azida de sódio nos critérios de crescimento, alguns metabolitos, índice mitótico e anomalias cromossómicas em Pisum sativum e Vicia faba. Revista Internacional de Agronomia e Investigação Agrícola, 4(4) (2014) 129-147.

[53] - M. Hamouda, K. M. Saad-Allah e W. A. Kasim, Molecular and physiological responses of Pisum sativum and Vicia faba to sodium azide (Respostas moleculares e fisiológicas de Pisum sativum e Vicia faba à azida de sódio). IJAAR. 4(6) (2014) 46-61.

[54] - R. Srivastava, A. Jagrati, P. Mahima e V. Anugunja, Efeito mutagénico da azida de sódio (NaN) na germinação de sementes e no teor de clorofila de Spinach oleracea, Ind. J. Pure App. Biosci. 7(4) (2019) 366-370.

[55] - S. Elfeky, S. Abo-Hamad e K. M. Saad-Allah, Impacto fisiológico da azida de sódio em mudas de Helianthus annus. Revista Internacional de Agronomia e Pesquisa Agrícola, 4(5) (2014) 102-109.

[56] - R. Rajib e T. Jagatpati, Ação mutagénica química na germinação de sementes e caraterísticas agro-métricas relacionadas na geração M1 Dianthus. Current Botany, 2(8) (2011) 19-23.

[57] - P. K. Mahesh e K. S. Vijay, Efeitos da azida de sódio nos parâmetros de rendimento do grão-de-bico (Cicer arietinum L.). Journal of Phytology, 3(1) (2011) 39-42.

[58] - K. D. Abubakar e L. S. Abdu, Efeitos do para-diclorobenzeno e da azida de sódio na germinação e no crescimento de plântulas de sésamo (Sesamum indicum L.). FUDMA Journal of Sciences (FJS), 5(2) (2021) 203-207.

[59] - D. M. Umar, R. Erum e M. Rafiq, Análise física e bioquímica de Sorghum bicolor (L.) Monech tratado com azida de sódio. Pak. J. Biotechnol, 8(2) (2011) 67-72.

[60] - S. D. Amol, S. D. Asmita, S. P. Sweety, G. S. Nileema e H. Sanjay, Effect of Sodium Azide Induction on Germination Percentage and Morphological Growth in Two Varieties of. Int. J. Curr. Microbiol. App. Sci. 7(6) (2018) 3586-3593.

[61] - D. V. M. A. Emuejevoke, M. E. El-Esawi, A. A. Imoni, H. M. Al-Ghamdi, M. M. Ali, E. El-Sheekh, A. Abdeldaym e Al-D. A. Monerah, Sodium Azide Priming Enhances Waterlogging Stress Tolerance in Okra (Abelmoschus esculentus L.). Agronomia, 9(679) (2019) 1 - 16.

[62] - W. R. Ashish, R. H. Nandkishor e W. Prashant, Effect of sodium azide and gamma rays treatments on percentage germination, survival, morphological variation and chlorophyll mutation in musk okra (Abelmoschus moschatus l.). Int. J. Pharm. Sci. 3(5) (2011) 483-486.

[63] - J. K. Mensah, B. Obadoni, P. A. Akomeah, B. Ikhajiagbe e J. Ajibolu, Os efeitos dos tratamentos com azida de sódio e colchicina nas caraterísticas morfológicas e de rendimento das sementes de sésamo (Sesame indicum L.). Jornal Africano de Biotecnologia, 6(5) (2007) 534-538.

[64] - R. E. Aliyu, A. Aliyu e A. K. Adamu, Indução de variabilidade genética em gergelim (Sesamum indicum L.) com azida de sódio. Revista FUW Tendências em Ciência e Tecnologia, 2(2) (2017) 964 - 968.

[65] - M. G. Gehan, Effect of some Chemical Mutagens on the Growth, Phytochemical Composition and Induction of Mutations in Khaya senegalensis (Efeito de alguns mutagénicos químicos no crescimento, composição fitoquímica e indução de mutações em Khaya senegalensis). Int. J. Plant Breed. Genet. 9 (2) (2015) 57-67.

[66] - A. A. AbdulRahaman, A. A. Afolabi, D. A. Zhigila, F. A. Oladele e A. A. Al Sahli, Morpho-anatomical effects of sodium azide and nitrous acid on Citrullus lanatus (Thunb.) Matsum. & Nakai (Cucurbitaceae) and Moringa oleifera Lam. (Moringaceae). Hoehnea, 45(2) (2018) 225-237.

[67] - B. P. Mshembula, J. K. Mensah e B. Ikhajiagbe, Avaliação comparativa

dos efeitos mutagénicos da azida de sódio em alguns parâmetros selecionados de crescimento e rendimento de cinco acessos de feijão-frade - Tvu-3615, Tvu-2521, Tvu-3541, Tvu-3485 e Tvu-3574. Arquivos de Investigação em Ciências Aplicadas, 4 (4) (2012) 1682-1691.

[68] - D. Kumala, M. Gita e S. Sudjino, Efeitos da azida de sódio (NaN_3) e do crescimento vegetativo de citocinina e rendimento da planta de arroz preto (Oryza sativa L. 'Cempo Ireng). Avanços da Ciência e Tecnologia para a Sociedade, (2016) 130005-1-130005-12.

[69] - J. K. Mensah e B. Obadoni, Efeitos da azida de sódio nos parâmetros de rendimento do amendoim (Arachis hypogaea L.). Jornal Africano de Biotecnologia, 6(6) (2007) 668-671.

[70] - D. A. Animasaun, S. Oyedeji, M. A. Azeez e A. O. Onasanya, Avaliação do desempenho vegetativo e de rendimento das variedades de amendoim (Arachis hypogaea) Samnut 10 e Samnut 20 tratadas com azida de sódio. Revista Internacional de Publicações Científicas e de Investigação, 4(3) (2014) 1-10.

[71] - B. Dyulgerova e N. Dyulgerov, Rendimento de grãos e caraterísticas relacionadas com o rendimento de linhas mutantes de cevada induzidas por azida de sódio. Jornal da Agricultura da Europa Central, 21(1) (2020) 83-91.

[72] - A. K. Adamu & H. Aliyu, Morphogical effects of sodium azide on Tomato (Lycopersicon esculentum Mill). Science World Journal, 2(4) (2007) 9-12.

[73] - Y. Aminu, B. U. Bala, H. I. Kabiru e A. A. Musbahu, Crescimento induzido e respostas de rendimento à variação sazonal por azida de sódio em tomate (Lycopersicon esculentum Mill.). Bayero Journal of Pure and Applied Sciences, 10(1) (2017) 226-230.

[74] - M. R. Wani, M. I. Kozgar, N. Tomlekova e al. Mutation breeding: a novel technique for genetic improvement of pulse crops particularly Chickpea (Cicer arietinum L.). In: Parvaiz A., Wani M. R., Azooz M. M., Lam-son P. T.,

editores. Improvement of crops in the era of climatic changes (Melhoramento das culturas na era das alterações climáticas) (Cap. 9). Nova Iorque (NY): Springer, (2014) 217-248 pp.

[75] - R. Roychowdhury e J. Tah, Ação mutagénica química na germinação de sementes e caraterísticas agro-métricas relacionadas na geração M1 Dianthus. Current Botany, 2(8) (2011) 19-23.

[76] - W. Owais e A. Kleinhofs, Ativação metabólica da azida mutagénica em sistemas biológicos. Mut. Res. Fundamental and Molecular Mechanisms of Mutagenesis, 197(2) (1988) 313-323.

[77] - M. F. Sadiq e Z. M. Owais Mutagenicidade da azida de sódio e do seu metabolito azidoalanina em Drosophila melanogaster. Mut. Genetic Toxicology and Environmental Mutagenesis, 469(2) (2000) 253-257.

[78] - V. E. Viana, C. Pegoraro, C. Busanello e D. O. A. Costa, Mutagénese em arroz: a base para a criação de uma nova super planta. Frontiers in Plant Science, 10(1326) (2019) 1-28.

[79] - H. E. El-Mokadem e G. G. Mostafa, Indução de mutações em Browallia speciosa usando azida de sódio e identificação da variação genética por isozima peroxidase. Jornal Africano de Biotecnologia, 13(1) (2013) 106-111.

[80] - V. Mistry, T. Pragya, P. Paresh, S. V. Gajendra, L. Geung-Joo e S. Abhishek, a mutagénese química e física mediada por raios X mediada por etilmetano sulfonato e azida de sódio regula positivamente a atividade do gene da peroxidase 1 e a biossíntese do antineoplásico vinblastina em Catharanthus roseus. Plantas, 11(2885) (2022) 1-27.

[81] - D. Shailja, B. Renu e M. Shrilekha, mutagénese induzida por azida de sódio em plantas de trigo. Revista Mundial de Farmácia e Ciências Farmacêuticas, 6(10) (2017) 294 - 304.

[82] - V. Talamè, R. Bovina, M. C. Sanguineti, R. Tuberosa, U. Lundqvist e S. Salvi, TILLMore, um recurso para a descoberta de mutantes induzidos

quimicamente em cevada. Plant Biotechnol. J., 6(5) (2008) 477-485.
[83] - T. H. Tai, A. Chun, I. M. Henry, K. J. Ngo e D. Burkart-Waco, Effectiveness of sodium azide alone compared to sodium azide with methyl nitrosurea for rice mutagenesis. Plant Breed. Biotechnol, 4(4) (2016) 453- 461.
[84] - B. U. Bala, S. I. Yelwa, F. S. Hassan e S. M. Babangida, Efeitos mutagénicos da azida de sódio (NaN3) nas caraterísticas morfológicas de duas variedades de tomate (Solanum lycopersicum Mill). Bayero Journal of Pure and Applied Sciences, 11(1) (2018) 50 - 54.
[85] - E. I. Moyin-Jesu, Utilização de resíduos de plantas para melhorar a fertilidade do solo, nutrientes das vagens, crescimento das raízes e peso das vagens de quiabo Abelmoschus esculentum L. Bioresour, Tech, 98 (2007) 2057-2064.
[86] - Anónimo, Série de documentos sobre biologia específica das culturas : Biologia de Abelmoschus esculentus L. Ed. Departamento de Biotecnologia: Ministério da Ciência e Tecnologia do Governo da Índia, (2011) 1-35 páginas.
[87] - E. C. Legba, R. G. Ahlincou, L. R. Atchanhouin, L. A. Aglinglo, R. A. Francisco, H. Fassinou, V. Nicodème, e E. G. Achigan-Dako, Fiche technique synthetique pour la production du gombo (Abelmoschus esculentus L.). Editora, Laboratório de Genética, Horticultura e Ciência das Sementes (GBioS). ResearchGate, 106(69) (2021) 1-6 páginas.
[88] - T. Ngoc, N. Ngo, T. Van e V. Phung, Efeito hipolipidémico de extractos de Abelmoschus esculentus L. (Malvaceae) na hiperlipidemia induzida por Tyloxapol em ratos. Warasan Phesatchasat, 35(1-4) (2008) 42-46.
[89] - A. Ali e S. S. Deokule, Comparação de compostos fenólicos de algumas plantas comestíveis do Irão e da Índia. Pak. J. Nutr. 7(4) (2008) 582-585.
[90] - H. M. Ati e A. K. Adamu, Efeito de doses combinadas de raios gama e azida de sódio (agentes mutagénicos) nos traços morfológicos de algumas variedades de quiabo (Abelmoschus esculentus). Revista Africana de Agricultura, 11(32) (2016) 2968-2973.

[91] - M. A. J. Parry, J. M. Pippa, B. Carlos, T. Katie, H.-L. Antonio, B. Marcela, R. Mariann e L. P. Andrew, Mutation discovery for crop improvement. Journal of Experimental Botany, 60(10) (2009) 2817-2825.

[92] - S. Xavier, E. Roger, G. Nathalie, M. Luisa, N. Salvador e L. Eric, EMS mutagenesis in mature seed-derived rice calli as a new method for rapidly obtaining TILLING mutant populations. MÉTODOS DE PLANTAS, 10(5) (2014) 1-13.

[93] - G. K. Navnath & P. K. Mukund, Effect of physical and chemical mutagens on pod length in Okra (Abelmoschus esculentus L. Moench). Sci. Res. Repórter, 4(2) (2014) 151-154.

[94] - J. L. Cooper, B. J. Till, Laport R. G., Darlow M. C., Kleffner J. M., Jamai A., Tarik El-M., Shiming L., Rae R., Niels N., Kristin D. B., Khalid M., Luca C. e Steven H., 2008. TILLING para detetar mutações induzidas em soja. BMC Plant Biol, 8(9): 1-10.

[95] - N. Gupta, S. Sood, Y. Singh & D. Sood, Determinação da dose letal para mutagénese induzida por raios gama e etilmetano sulfonato no quiabeiro (Abelmoschus esculentus (L.) Moench.). SABRAO J. Breed. Genet, 48 (3) (2016) 344-351.

[96] - Y. Mihretu, G. Wayessa & D. Adugna, Análise Multivariada entre a Coleção de Quiabos (Abelmoschus esculentus (L.) Moench) no Sudoeste da Etiópia. Jornal de Ciências Vegetais, 9(2) (2014) 43-50.

[97] - S. Capot & D. Perus, Les Enjeux De La Propriété Industrielle Appliques Aux Semences Végétales. Cahiers Du Lab. RII : Documents De Travail, Université de la côte d'opale, Laboratoire de Recherche sur l'Industrie et l'Innovation. N°269 (2013) 1 - 27.

[98] - Anónimo, Documento de Estratégia para o Crescimento e o Emprego. Editora: MINEPAT. Yaoundé, Camarões, (2009) 112p.

[99] - Anónimo, Reorientar os sistemas de saúde para os cuidados de saúde primários como a base resistente da cobertura universal de saúde e preparativos

para uma reunião de alto nível da Assembleia Geral das Nações Unidas sobre a cobertura universal de saúde: Relatório do Diretor-Geral. Editora: OMS, (2023) 11 p.

[100] - D. I. Arnon, Enzimas de cobre isoladas do cloroplasto, polifenoloxidase em Beta vulgaris. Fisiologia vegetal, 24 (1949) 1 - 15.

[101] - E. M. Yemm & E. C. Cocking, The determination of amino acids with ninhydrin. The Analyst, 80 (1955) 209-213.

[102] - M. Bradford, A rapid and sensitive method for the quantitation of microgram quantities of protein utilizing the principle of protein-dye binding. Anal. Biochem, 7 (72) (1976) 115-125.

[103] - E. M. Yemm & A. J. Willis, The estimation of carbohydrates in plants extracts by Anthron. Biochemistry Journal, 9(2) (1954) 27-36.

[104] - G. Marigo, Méthode de fractionnement et d'estimation des composes phénoliques chez les végétaux. Analysis, 2 (1973) 106-110.

[105] - O. A. Aiyegoro & A. Okoh, Rastreio fitoquímico preliminar e actividades antioxidantes in vitro do extrato aquoso de Helichrysum longifolium DC. BMC Complementary & Alternative Medicine, 10 (21) (2010) 1 - 9.

[106] - A. H. Price & G. A. F. Henry, Iron catalase oxygen radical formation and its possible contribution to drought damage in nine native grasses three cereals. Plant Cell and Environment, 14 (1991) 477-484.

[107] - S. S. Demirors, G. Keser & M. Dogan, Effects of lead on chlorophyll content, total nitrogen, and antioxidant enzyme activities in duckweed (Lemna minor). Int. J. Agric. Biol. 15(1) (2013) 145-148.

[108] - N. M. El-Shafey, R. A. Hassaneen, M. A. Gabr & O. ElSheihyd, Pre-exposure to gamma rays alleviates the harmful effect of drought on the embryo-derived rice calli. Australian Journal of Crop Science, 3 (5) (2009) 268-277.

[109] - G. Kumar, S. Kesarwani & V. Sharma, Clastogenic effect of individual and combined treatment of Gamma rays and EMS in Lens culinary. Journal of Cytology and Genetics, 4 (2003) 149-154.

[110] - M. J. Palma, M. L. Sandalio, J. F. Corpas & Romero-P., Plant proteases, protein degradation, and oxidative stress: role of peroxysomes. Plant Journal and Biochemistry. 40(6) (2002) 521-530.
[111] - A. E. O. Elkhalifa, E. Alshammari, M. Adnan, J. C. Alcantara, A. M. Awadelkareem, N. E. Eltoum, K. Mehmood, B. P. Panda & S. A. Ashraf, Okra (Abelmoschus esculentus) as a Potential Dietary Medicine with Nutraceutical Importance for Sustainable Health Applications. Moléculas, 26 (2021) 696.
[112] - E. H. D. Fotso, A. C. Djeuani, D. M. Djamndo & N. D. Omokolo, Avaliação das actividades da polifenoloxidase e da peroxidase e da acumulação de compostos fenólicos na resistência da mandioca estimulada com Benzo (1,2,3) tiadiazol-7-carbotiónico ácido-s-metil éster contra Colletotrichum gloeosporioides Penz. Int. J. Biol. Chem. Sci. 15(3) (2021) 950-965.
[113] - R. A. Dixon e N. L. Paiva, Stress-induced phenylpropanoid metabolism. Plant Cell, 7 (1995) 1085-1097.
[114] - J. E. Li, S. T. Fan, Z. H. Qiu, C. Li & S. P. Nie, Teor total de flavonóides, actividades antioxidantes e antimicrobianas de extractos de Mosla chinensis maxim. Jiangxiangru. LWT Food Sci. Technol, 64 (2015) 1022-1027.
[115] - H. Noreen, N. Semmar, M. Farman & J. S. O. McCullagh, Medição do conteúdo fenólico total e da atividade antioxidante das partes aéreas da planta medicinal Coronopus didymus. Asian Pac. J. Trop. Med, 10 (2017) 792-801.
[116] - C. T. Sulaiman & I. Balachandran, Total phenolics and total flavonoids in selected Indian medicinal plants. Indian J. Pharm. Sci. 74 (2012) 258-260.
[117] - R. C. Hornl & V. M. F. Vargas, Antimutagenic activity of extracts of natural substances in the Salmonella/microsome assay. Mutagenesis, 18(2) (2003) 113-118.
[118] - S. Gowri & P. Chinnaswamy, Avaliação da atividade antimutagénica in vitro de Caralluma adscendens Roxb no ensaio de mutação reversa bacteriana. Jornal de Produtos Naturais e Recursos Vegetais, 1(4) (2011) 27-34.
[119] - L. Birossov, M. Mikulasov & S. Vaverkov, Antimutagenic effect of

phenolic acids. Biomed Pap Med Fac Univ Palacky Olomouc Czech Repub, 149 (2) (2005) 489-491.

[120] - T. Hour, Y. Liang, I. Chu & J. Lin, Inhibition of eleven mutagen by various tea extracts, (-) Epigallocatechin-3-gallate, Gallic Acid and Caffeine. Food and Chemical Toxicology, 37 (1999) 569-579.

[121] - E. G. De Mejia, E. Castano-Tostado & G. Loarca-Pina, Antimutageniceffects of natural phenolic compounds in beans. Mutation Research, 441 (1999) 1-9.

ÍNDICE DE CONTEÚDOS

Printed by Books on Demand GmbH, Norderstedt / Germany